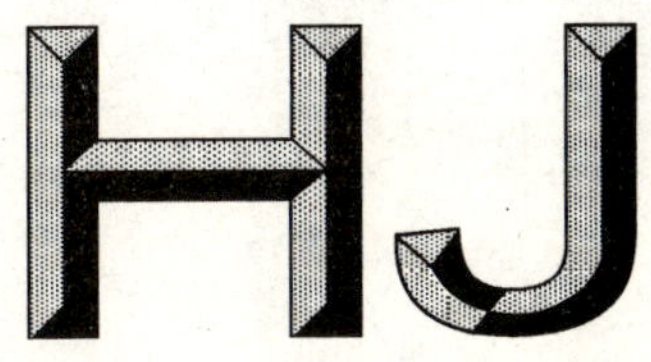

中华人民共和国国家环境保护标准

HJ 960—2018

土壤和沉积物　氨基甲酸酯类农药的测定　柱后衍生-高效液相色谱法

Soil and sediment—Determination of carbamate pesticides —Post-column derivatization-high performance liquid chromatography

2018-08-02 发布　　2019-01-01 实施

生　态　环　境　部 发布

中华人民共和国生态环境部
公　告

2018 年　第 27 号

为贯彻《中华人民共和国环境保护法》，保护生态环境，保障人体健康，规范生态环境监测工作，现批准《土壤和沉积物　氨基甲酸酯类农药的测定　柱后衍生-高效液相色谱法》等四项标准为国家环境保护标准，并予发布。

标准名称、编号如下：

一、《土壤和沉积物　氨基甲酸酯类农药的测定　柱后衍生-高效液相色谱法》（HJ 960—2018）；

二、《土壤和沉积物　氨基甲酸酯类农药的测定　高效液相色谱-三重四极杆质谱法》（HJ 961—2018）；

三、《土壤　pH 值的测定　电位法》（HJ 962—2018）；

四、《固体废物　有机磷类和拟除虫菊酯类等 47 种农药的测定　气相色谱-质谱法》（HJ 963—2018）。

以上标准自 2019 年 1 月 1 日起实施，由中国环境出版集团出版。标准内容可在生态环境部网站（kjs.mep.gov.cn/hjbhbz/）查询。

特此公告。

生态环境部

2018 年 8 月 2 日

目　　次

前　　言

为贯彻《中华人民共和国环境保护法》，保护生态环境，保障人体健康，规范土壤和沉积物中氨基甲酸酯类农药的测定方法，制定本标准。

本标准规定了测定土壤和沉积物中 10 种氨基甲酸酯类农药的柱后衍生-高效液相色谱法。

本标准的附录 A 为规范性附录，附录 B 为资料性附录。

本标准为首次发布。

本标准由环境监测司、科技标准司组织制订。

本标准起草单位：浙江省环境监测中心。

本标准验证单位：江苏省环境监测中心、杭州市环境监测中心站、绍兴市环境监测中心站、苏州市环境监测中心站、浙江环境监测工程有限公司和中检集团理化检测有限公司。

本标准生态环境部 2018 年 8 月 2 日批准。

本标准自 2019 年 1 月 1 日起实施。

本标准由生态环境部解释。

土壤和沉积物　氨基甲酸酯类农药的测定　柱后衍生-高效液相色谱法

警告：实验中使用的溶剂和标准溶液对人体健康有害，溶液配制及样品前处理过程应在通风橱内进行；操作时应按要求佩戴防护器具，避免直接接触皮肤和衣物。

1　适用范围

本标准规定了测定土壤和沉积物中 10 种氨基甲酸酯类农药的柱后衍生-高效液相色谱法。

本标准适用于土壤和沉积物中涕灭威亚砜、涕灭威砜、灭多威、3-羟基克百威、涕灭威、残杀威、克百威、甲萘威、异丙威、甲硫威等 10 种氨基甲酸酯类农药的测定。

当取样量为 10 g，试样定容体积为 1.0 ml，进样体积为 15 µl 时，10 种氨基甲酸酯类农药的方法检出限为 1～3 µg/kg，测定下限为 4～12 µg/kg。详见附录 A。

2　规范性引用文件

本标准引用了下列文件或其中的条款。凡是未注明日期的引用文件，其最新版本适用于本标准。

GB 17378.3　海洋监测规范　第 3 部分：样品采集、贮存与运输

GB 17378.5　海洋监测规范　第 5 部分：沉积物分析

HJ 494　水质　采样技术指导

HJ 613　土壤　干物质和水分的测定　重量法

HJ 783　土壤和沉积物　有机物的提取　加压流体萃取法

HJ/T 166　土壤环境监测技术规范

3　方法原理

土壤或沉积物中的氨基甲酸酯类农药经有机溶剂提取、固相萃取柱净化、浓缩、定容、用液相色谱柱分离后，在碱性条件下水解生成甲胺式（1），与衍生化试剂反应生成具有强荧光物质式（2），用荧光检测器测定。根据保留时间定性，外标法定量。

$$\mathrm{RO{-}C(=O){-}NH{-}CH_3 + H_2O \xrightarrow[\triangle]{\text{碱性水溶液}} CH_3NH_2 + R{-}OH + CO_3^{2-}} \qquad (1)$$

$$\mathrm{C_6H_4(CHO)_2\ (邻苯二甲醛) + CH_3NH_2 + HSCH_2CH_2OH \xrightarrow{\text{碱性水溶液}} 1\text{-}(SCH_2CH_2OH)\text{-}2\text{-}CH_3\text{-}异吲哚}\qquad (2)$$

4 干扰和消除

具有相近保留时间的物质对测定产生干扰，可通过改变流动相梯度洗脱程序、标准添加法、定量定性波长吸收比等方法消除干扰。

5 试剂和材料

除非另有说明，分析时均使用符合国家标准的分析纯试剂，实验用水为新制备的不含目标物的纯水。

5.1 乙腈（CH_3CN）：液相色谱级。

5.2 甲醇（CH_3OH）：液相色谱级。

5.3 二氯甲烷（CH_2Cl_2）：液相色谱级。

5.4 氢氧化钠（NaOH）。

5.5 四硼酸钠（$Na_2B_4O_7 \cdot 10H_2O$）。

5.6 2-巯基乙醇（HSC_2H_4OH）或 2-二甲氨基乙硫醇盐酸盐（$C_4H_{11}NS \cdot HCl$）。

5.7 邻苯二甲醛（$C_8H_6O_2$）。

5.8 无水硫酸钠（Na_2SO_4）。

马弗炉中 450℃灼烧 4 h，稍冷却后置于干燥器中备用。

5.9 水解液：氢氧化钠溶液，c（NaOH）=0.05 mol/L。

称取 2.0 g 氢氧化钠（5.4），用水溶解并稀释至 1 L，经滤膜（5.19）过滤。也可直接购买市售商品。

5.10 四硼酸钠溶液：c（$Na_2B_4O_7 \cdot 10H_2O$）=0.05 mol/L。

称取 19.1 g 四硼酸钠（5.5），用水溶解并稀释至 1 L，经滤膜（5.19）过滤。也可直接购买市售商品。

5.11 衍生化试剂。

称取 0.1 g 邻苯二甲醛（5.7），溶于 10 ml 甲醇（5.2）。移取 200 μl 2-巯基乙醇（5.6）或称取 2.0 g 2-二甲氨基乙硫醇盐酸盐（5.6），溶于 10 ml 四硼酸钠溶液（5.10）。将上述 2 种溶液混合后用四硼酸钠溶液（5.10）稀释至 1 L。

5.12 甲醇-二氯甲烷混合溶剂：1+2。

用甲醇（5.2）和二氯甲烷（5.3）按 1∶2 体积比混合。

5.13 甲醇-二氯甲烷混合溶剂：1+9。

用甲醇（5.2）和二氯甲烷（5.3）按 1∶9 体积比混合。

5.14 氨基甲酸酯类农药标准贮备液：ρ=100 mg/L。

直接购买市售有证标准溶液，按标准溶液证书要求保存。

5.15 氨基甲酸酯类农药标准使用液：ρ=10 mg/L。

取 500 μl 氨基甲酸酯类农药标准贮备液（5.14）于 5 ml 容量瓶中，用甲醇（5.2）定容，混匀，置于−18℃冰箱，密封、避光保存，保存期为 6 个月。

5.16 固相萃取柱：石墨化炭黑/*N*-丙基乙二胺复合填料萃取柱（500 mg/6 ml）或其他性能相近的固相萃取柱。

5.17 硅藻土：0.6～0.9 mm（30～20 目）。

5.18 石英砂：150～830 μm（200～100 目）。

马弗炉中 450℃灼烧 4 h，稍冷却后置于洁净干燥器中备用。

5.19 滤膜：0.45 μm 聚醚砜或其他等效材质。

5.20 滤膜：0.45 μm 聚四氟乙烯或其他等效材质。

5.21　氮气：纯度≥99.99%。

6　仪器和设备

6.1　高效液相色谱仪。
6.1.1　具有荧光检测器、梯度洗脱功能。
6.1.2　具有柱后衍生系统，能自动完成衍生反应。
6.1.3　色谱柱：填料粒径为 5 μm，柱长为 25.0 cm，内径为 4.0 mm 的 C_8 色谱柱或其他性能相近的色谱柱。
6.2　冷冻干燥仪。
6.3　提取装置：加压流体萃取仪（配有 50 ml 以下萃取池）、索氏提取装置、自动索氏提取仪或其他性能相当的提取装置。
6.4　浓缩装置：氮吹浓缩仪、旋转蒸发仪或其他性能相当的设备。
6.5　分析天平：感量为 0.01 g。
6.6　一般实验室常用仪器和设备。

7　样品

7.1　样品采集和保存

按照 HJ/T 166 的相关要求采集和保存土壤样品，按照 HJ 494 的相关要求采集水体沉积物样品，按照 GB 17378.3 的相关要求采集海洋沉积物样品。样品采集后，0～4℃密封、避光保存，7 d 内完成萃取。

7.2　样品的制备

除去样品中的异物（枝棒、叶片、石子等），将样品完全混匀。如样品水分含量较高，应先用冷冻干燥仪（6.2）干燥。称取两份约 10 g（精确至 0.01 g）的样品。

土壤样品一份用于测定干物质含量，另一份用于提取。使用加压流体萃取法提取时，加入适量硅藻土（5.17），装入萃取池中。使用索氏提取时，加入适量无水硫酸钠（5.8），装入提取管中。

沉积物样品一份用于测定含水率，另一份用于提取，提取方法参照土壤样品。

7.3　水分的测定

按照 HJ 613 测定土壤样品干物质含量，按照 GB 17378.5 测定沉积物样品含水率。

7.4　试样的制备

7.4.1　提取
7.4.1.1　加压流体萃取
采用甲醇-二氯甲烷混合溶剂（5.12）提取样品中氨基甲酸酯类农药，压力 10.34 MPa，萃取温度 80℃，加热时间 5 min，静态萃取时间 5 min，冲洗量 80%，萃取后氮气吹扫 60 s，循环萃取 3 次。或按照 HJ 783 进行萃取条件的设置和优化。
7.4.1.2　索氏提取
将滤筒置于索氏提取器回流管中，在圆底溶剂瓶中加入 200 ml 甲醇-二氯甲烷混合溶剂（5.12），提取 12 h，回流速度控制在 4～6 次/h。提取完毕，取出圆底溶剂瓶，待浓缩。

注：若经过验证也可使用其他等效提取方法。

7.4.2 浓缩

用浓缩装置（6.4）将萃取液（7.4.1）浓缩至近 1.0 ml，待净化。

7.4.3 净化

用 5.0 ml 甲醇-二氯甲烷混合溶剂（5.13）以 2 ml/min 的速度活化固相萃取柱（5.16），在填料即将暴露于空气之前，将浓缩液（7.4.2）转移至柱头，在填料即将暴露于空气之前，用 5.0 ml 甲醇-二氯甲烷混合溶剂（5.13）洗脱萃取柱，收集洗脱液于刻度管中。

注：使用不同批次萃取柱净化样品时，需通过实验确定洗脱溶剂用量。

7.4.4 净化后浓缩

用氮吹浓缩仪（6.4）将洗脱液（7.4.3）30℃以下浓缩至近干，用甲醇（5.2）定容至 1.0 ml，过滤膜（5.20），待测。

处理好的试样应于−18℃以下冰箱冷冻保存，在 30d 内完成分析。

7.5 空白试样的制备

用石英砂（5.18）代替实际样品，按照与试样的制备（7.4）相同的步骤制备空白试样。

8 分析步骤

8.1 参考测量条件

8.1.1 柱后衍生条件

反应器温度：100℃。衍生泵流速：0.3 ml/min。

8.1.2 色谱条件

流动相：流动相 A 乙腈（5.1），流动相 B 水，梯度洗脱程序见表 1。流速：0.8 ml/min；进样体积：15 μl；柱温：37℃；荧光检测器：激发波长 330 nm，定量发射波长 460 nm，定性发射波长 435 nm。

表 1 梯度洗脱程序

时间/min	流动相 A/%	流动相 B/%
0	12	88
2	12	88
42	66	34
45	100	0
48	12	88

8.2 标准曲线的建立

移取适量的氨基甲酸酯类农药标准使用液（5.15）至 5 ml 容量瓶，用甲醇（5.2）稀释至标线，配制至少 5 个质量浓度点的标准系列，标准系列质量浓度分别为 0.05 μg/ml、0.50 μg/ml、1.00 μg/ml、2.50 μg/ml 和 5.00 μg/ml（此为参考浓度）。由低质量浓度到高质量浓度依次对标准系列溶液进样，按照测量条件（8.1）分析，以标准系列溶液中各氨基甲酸酯农药的质量浓度为横坐标，以其对应的峰面积（或峰高）为纵坐标，建立标准曲线。

8.3 试样测定

按照与标准曲线的建立（8.2）相同的步骤进行试样（7.4）的测定。

8.4 空白试验

按照与试样测定（8.3）相同的步骤进行空白试样（7.5）的测定。

9 结果计算与表示

9.1 定性分析

根据试样中目标物和标准溶液中目标物的保留时间进行定性。必要时还可采用标准添加法、定量定性波长吸收比等方法辅助定性。

在本标准规定的测量条件（8.1）下，标准溶液色谱图见图 1。

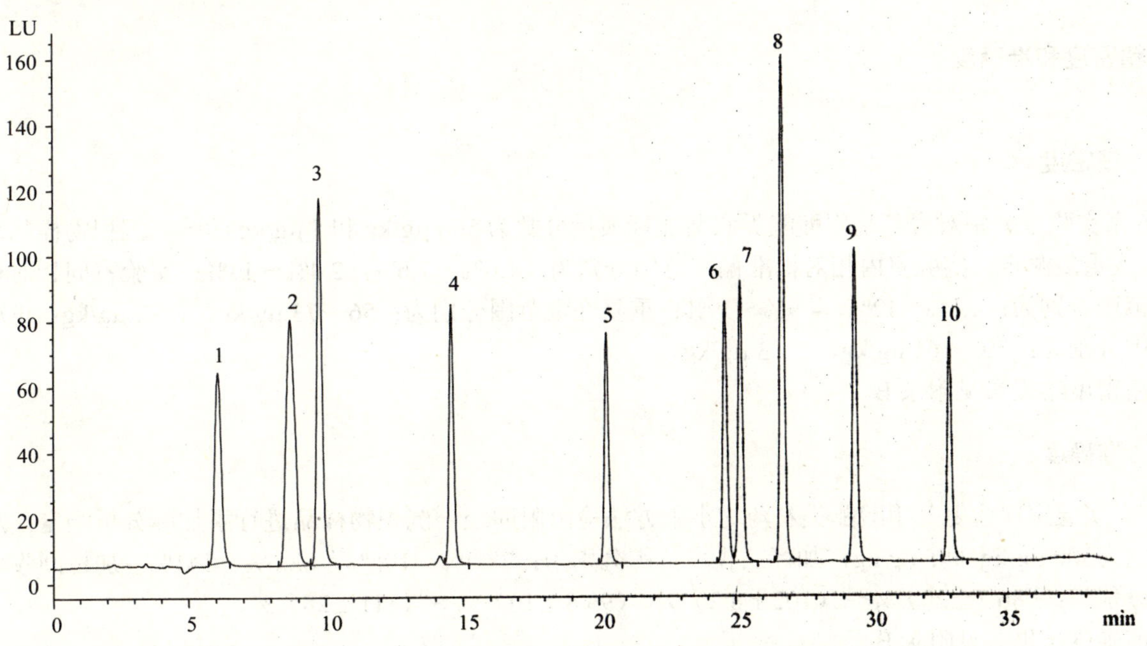

1—涕灭威亚砜；2—涕灭威砜；3—灭多威；4—3-羟基克百威；5—涕灭威；
6—残杀威；7—克百威；8—甲萘威；9—异丙威；10—甲硫威。

图 1　标准溶液色谱图

9.2 结果计算

土壤样品中目标物的质量分数按照式（3）进行计算：

$$w_{1i}=\frac{\rho_{1i}\times V_1\times 1\,000}{m_1\times w_{dm}} \qquad (3)$$

式中：w_{1i} —— 土壤样品中第 i 种目标物质量分数，μg /kg；

ρ_{1i} —— 土壤试样中第 i 种目标物质量浓度，mg/L；

V_1 —— 土壤试样定容体积，ml；

m_1 —— 土壤样品湿重，g；

w_{dm} —— 土壤干物质含量，%。

沉积物样品中目标物的质量浓度按照式（4）进行计算：

$$w_{2i} = \frac{\rho_{2i} \times V_2 \times 1\,000}{m_2 \times (1 - w_{H_2O})} \tag{4}$$

式中：w_{2i} —— 沉积物样品中第 i 种目标物质量分数，μg /kg；

ρ_{2i} —— 沉积物试样中第 i 种目标物质量浓度，mg/L；

V_2 —— 沉积物试样定容体积，ml；

m_2 —— 沉积物样品湿重，g；

w_{H_2O} —— 沉积物水分含量，%。

9.3 结果表示

测定结果小数点位数与方法检出限保持一致，最多保留 3 位有效数字。

10 精密度和准确度

10.1 精密度

6 家实验室分别对含氨基甲酸酯类农药加标质量分数为 500 μg/kg 和 5 μg/kg 的统一沉积物样品进行了 6 次重复测定，实验室内相对标准偏差范围分别为：1.6%～7.6%，2.4%～13%；实验室间相对标准偏差范围分别为：4.1%～12%，4.9%～19%；重复性限范围分别为：56～73 μg/kg，1～2 μg/kg；再现性限范围分别为：79～161 μg/kg，2～3 μg/kg。

精密度结果参见附录 B。

10.2 准确度

6家实验室对含氨基甲酸酯类农药均小于方法检出限的统一沉积物样品进行了加标分析测定，加标量分别为500 μg/kg 和5 μg/kg，加标回收率范围分别为：78.7%～106%，82.6%～141%；加标回收率最终值分别为：（86.7±20）%～（102±8.2）%，（93.8±10）%～（111±28）%。

准确度结果参见附录 B。

11 质量保证和质量控制

11.1 空白试验

每 20 个样品或每批次（少于 20 个样品/批）至少分析 1 个实验室空白，空白测试结果应低于方法检出限。

11.2 校准

标准曲线的相关系数 r≥0.995。

选择标准曲线的中间浓度点进行连续校准，每分析 20 个样品或每批次（少于 20 个样品/批）进行 1 次连续校准，测定结果相对偏差应≤20%，否则需重新建立标准曲线。

11.3 平行样

每 20 个样品或每批次（少于 20 个样品/批）至少分析 1 个平行样，平行样相对偏差≤30%。

11.4 基体加标

每20个样品或每批次（少于20个样品/批）至少分析1个基体加标样，加标回收率应在60%～145%。

12 废物处理

实验中产生的废液和废物应集中收集，并做好相应标识，委托有资质的单位进行处理。

附 录 A
（规范性附录）
方法检出限和测定下限

当取样量为 10 g，试样定容体积为 1.0 ml，进样体积为 15 μl 时，10 种氨基甲酸酯类农药的方法检出限和测定下限见表 A.1。

表 A.1 方法检出限和测定下限

序号	化合物	英文名称	CAS 编码	检出限/（μg/kg）	测定下限/（μg/kg）
1	涕灭威亚砜	Aldicarb Sulfoxide	1646-87-3	2	8
2	涕灭威砜	Aldicarb Sulfone	1646-88-4	2	8
3	灭多威	Methomyl	16752-77-5	2	8
4	3-羟基克百威	3-Hydroxycarbofuran	16655-82-6	2	8
5	涕灭威	Aldicarb	116-06-3	2	8
6	残杀威	Propoxur	114-26-1	2	8
7	克百威	Carbofuran	1563-66-2	1	4
8	甲萘威	Carbaryl	63-25-2	3	12
9	异丙威	Isoprocarb	2631-40-5	2	8
10	甲硫威	Mercaptodimethur	2032-65-7	2	8

附 录 B
（资料性附录）
方法精密度和准确度

采用加压流体萃取、固相萃取净化，测定实际加标样品的精密度和准确度。表 B.1 给出方法精密度指标，表 B.2 给出方法准确度指标。

表 B.1 方法精密度

序号	化合物	平均值/（μg/kg）	实验室内相对标准偏差/%	实验室间相对标准偏差/%	重现性限 r/（μg/kg）	再现性限 R/（μg/kg）
加标质量分数：500 μg/kg						
1	涕灭威亚砜	510	1.7～7.6	4.1	73	88
2	涕灭威砜	452	3.0～5.4	7.0	60	104
3	灭多威	448	2.5～6.2	6.2	56	93
4	3-羟基克百威	446	3.2～6.2	4.5	66	83
5	涕灭威	449	2.0～6.5	12	67	161
6	残杀威	442	2.9～7.5	8.2	64	117
7	克百威	445	1.6～6.0	7.7	57	109
8	甲萘威	444	2.9～5.5	4.7	59	79
9	异丙威	433	2.3～7.6	11	68	152
10	甲硫威	447	2.5～6.2	5.4	58	86
加标质量分数：5 μg/kg						
1	涕灭威亚砜	6	4.4～12	13	1	3
2	涕灭威砜	5	4.2～8.1	10	1	2
3	灭多威	5	3.6～9.0	10	1	2
4	3-羟基克百威	5	4.0～8.5	19	1	3
5	涕灭威	5	2.9～7.2	11	1	2
6	残杀威	5	2.4～6.3	9.1	1	2
7	克百威	5	3.8～6.5	11	1	2
8	甲萘威	5	3.8～9.3	8.0	1	2
9	异丙威	5	3.5～6.9	17	1	3
10	甲硫威	5	5.6～13	4.9	2	2

表 B.2 方法准确度

序号	化合物	样品质量分数/（μg/kg）	加标回收率范围 P /%	$\overline{P}$ /%	$S_{\overline{P}}$ /%	加标回收率最终值 $\overline{P}\pm 2S_{\overline{P}}$ /%
加标质量分数：500 μg/kg						
1	涕灭威亚砜	<2	94.1～106	102	4.1	102±8.2
2	涕灭威砜	<2	84.9～101	90.3	6.3	90.3±13
3	灭多威	<2	84.3～97.1	89.5	5.5	89.5±11
4	3-羟基克百威	<2	85.0～93.0	89.2	4.0	89.2±8.0
5	涕灭威	<2	79.8～104	89.8	11	89.8±22
6	残杀威	<2	80.4～97.7	88.4	7.3	88.4±15
7	克百威	<1	82.3～102	89.0	6.9	89.0±14
8	甲萘威	<3	84.6～93.8	88.7	4.2	88.7±8.4
9	异丙威	<2	78.7～105	86.7	10	86.7±20
10	甲硫威	<2	84.8～97.9	89.5	4.9	89.5±9.8
加标质量分数：5 μg/kg						
1	涕灭威亚砜	<2	99.4～139	111	14	111±28
2	涕灭威砜	<2	90.9～119	100	10	100±20
3	灭多威	<2	90.7～115	98.3	9.1	98.3±18
4	3-羟基克百威	<2	88.6～141	103	19	103±38
5	涕灭威	<2	82.7～106	94.8	10	94.8±20
6	残杀威	<2	86.0～110	96.6	8.9	96.6±18
7	克百威	<1	87.4～118	98.4	11	98.4±22
8	甲萘威	<3	88.2～109	98.0	7.9	98.0±16
9	异丙威	<2	82.6～128	98.7	17	98.7±34
10	甲硫威	<2	85.0～100	93.8	5.0	93.8±10

HJ 960—2018

中华人民共和国国家环境保护标准

土壤和沉积物　氨基甲酸酯类农药的测定

柱后衍生-高效液相色谱法

HJ 960—2018

*

中国环境出版集团出版发行

（100062　北京市东城区广渠门内大街 16 号）

网址：http://www.cesp.com.cn

电话：010-67113412

010-67125803

北京市联华印刷厂

*

2019 年 2 月第　1　版　　开本　880×1230　1/16

2019 年 2 月第 1 次印刷　　印张　1.25

字数　40 千字

统一书号：135111・693